农村生活垃圾处理
百问百答

主　编　吴东雷　喻　凯
参　编　桂嘉烯　孙　悦　陈威旺

中国建筑工业出版社

图书在版编目（CIP）数据

农村生活垃圾处理百问百答 / 吴东雷，喻凯主编. —北京：中国建筑工业出版社，2019.9（2021.1重印）
ISBN 978-7-112-24159-0

Ⅰ.①农… Ⅱ.①吴… ②喻… Ⅲ.①农村 — 生活废物 — 垃圾处理 — 问题解答 Ⅳ.① X799.305-44

中国版本图书馆CIP数据核字（2019）第191120号

责任编辑：石枫华　李　杰
责任校对：赵　菲　王　烨

农村生活垃圾处理百问百答
主　编　吴东雷　喻　凯
参　编　桂嘉烯　孙　悦　陈威旺

*

中国建筑工业出版社出版、发行（北京海淀三里河路9号）
各地新华书店、建筑书店经销
北京点击世代文化传媒有限公司制版
北京同文印刷有限责任公司印刷

*

开本：880×1230毫米　1/32　印张：2⅛　字数：45千字
2019年10月第一版　2021年1月第五次印刷
定价：28.00元
ISBN 978-7-112-24159-0
（34549）

前　言

　　随着我国经济的高速发展，人民生活水平的不断改善，生活垃圾产生量正在逐年增加，如何合理处理处置数量日益庞大的生活垃圾，已经成为生态文明建设的重要内容。由于我国农村人口众多，经济水平相对落后，垃圾产生量大且较为分散，使得生活垃圾收运、处理难度更大。农村生活垃圾处理与农村环境质量息息相关，是进行美丽乡村建设，践行"绿水青山就是金山银山"现代生态文明观的重要工作，因此必须高度重视农村生活垃圾的各项工作。

　　近年来，在国家的大力推动下，垃圾分类观念已逐渐深入人心。垃圾分类在改善广大农民群众的生活环境、帮助树立节约资源的绿色生活方式等方面都具有非常重要的意义，同时也是社会文明水平的一个重要体现，但如何通过科学管理、合理建设等手段，形成垃圾处理的长效运营管理机制，以持续推动农村生活垃圾高效处理，在广大基层干部及群众中还存在着许多疑惑。结合以上种种，我们针对性地编制了《农村生活垃圾处理百问百答》读本，其目的在于针对农村生活垃圾在分类、收集、处置以及运行管理过程中遇到的常见问题，采用通俗易懂的语言进行详细解答，以供基层管理部门和相关运营人员参考。此外，本读本也可作为垃圾分类知识普及手册，供各地农村居民在垃圾分类过程中使用。

　　由于编者水平和编写时间的限制，很难涵盖农村生活垃圾分类、处理与资源化利用中所有问题，解答内容有需要商榷之处，请各位读者批评指正！

编者

2019 年 6 月

目 录

综合篇

1　什么是农村生活垃圾？／2

2　农村生活垃圾中主要成分有哪些？／2

3　农村生活垃圾的组成是否具有地区差异性？／2

4　有些人喜欢乱丢乱倒垃圾，有什么危害吗？／3

5　随意堆放农村生活垃圾的危害是什么？／3

6　现在经常听到"垃圾围城"、"垃圾围村"，真有这么严重吗？／4

7　解决农村地区"垃圾围村"现象的关键是什么？／4

8　针对"垃圾围村"现象，可以采取哪些主要的应对措施？／5

9　什么是垃圾分类？／5

10　农村生活垃圾源头分类有哪几种模式？／5

11　开展农村生活垃圾分类有哪些好处？／6

12　农村生活垃圾治理应遵循哪些原则？／6

13　垃圾分类可以减少污染节省资源，能用数据说话吗？／8

14　国家开展农村生活垃圾垃圾治理有怎样的时间表？／8

15　目前垃圾分类多在城市进行，农村分类意识相对薄弱，如何发动农村群众进行垃圾分类？／9

16　农村生活垃圾分类的根本目的是什么？／10

17 农村实行生活垃圾分类有哪些有利条件？ / 10

18 农村生活垃圾分类、收集、转运和处理一般有哪些模式？ / 11

19 什么是"垃圾不落地"模式？ / 12

20 可回收垃圾是指哪些？ / 12

21 厨余垃圾是指哪些？ / 13

22 有害垃圾是指哪些？ / 13

23 其他垃圾是指哪些？ / 13

24 煤渣灰土是指哪些？ / 13

25 收废品的人都不愿意收啤酒瓶了，啤酒瓶是不是其他垃圾？ / 14

26 餐巾纸为什么是其他垃圾？ / 14

27 废旧塑料纽扣是可回收物吗？ / 14

28 口香糖属于厨余垃圾吗？ / 15

29 花生壳、贝壳、坚果壳算厨余垃圾吗？ / 15

30 什么是"白色污染"？ / 15

31 什么是微塑料，微塑料有哪些危害？ / 15

32 生活垃圾具有哪些属性？ / 16

33 什么是垃圾减量化？ / 16

34 什么是垃圾资源化？ / 17

35 什么是垃圾无害化？ / 17

36 目前生活垃圾的主要处理方式有哪些？
什么是生活垃圾回收利用率？ / 17

37 垃圾分类了就等于垃圾实现资源化了吗？ / 18

38 将有害垃圾随意丢弃会带来哪些后果？ / 18

39 废品的回收利用意义？ / 18

40 如何进行废品的回收利用？ / 19

技术篇

41 农村垃圾的运输工作可以从哪些方面改进？ / 22

42 厨余垃圾怎样进行处理？ / 22

43 可回收垃圾怎样进行处理？ / 23

44 有害垃圾怎样进行处理？ / 23

45 其他垃圾怎样进行处理？ / 23

46 农村垃圾减量化处理设施选址有什么要求？ / 23

47 农村生活垃圾减量资源化设施建设有什么要求？ / 24

48 农村厨余垃圾减量化处理通常有哪些方法？ / 26

49 什么是垃圾堆肥？ / 26

50 农村生活垃圾堆肥有哪几种模式？ / 27

51 什么是阳光堆肥房？ / 27

52 什么是快速成肥机？ / 28

53 农村生活垃圾机械化快速成肥设备采购有什么要求？ / 29

54 采用机械化快速成肥设备对基本建设规模有什么要求？ / 29

55 机械化快速成肥设备的功能有什么要求？ / 30

56 机械化快速成肥设备对微生物发酵的菌种有什么要求？ / 30

57 机械化快速成肥设备对运行参数有什么要求？ / 30

58 机械化快速成肥设备对微生物发酵成肥有什么要求？ / 31

59 微生物发酵进料含水率如何掌握？ / 32

60 机械化快速成肥设备的发酵时间如何掌握？ / 32

61 什么是厌氧发酵？ / 32

62 厌氧发酵与堆肥处理的区别在哪里？ / 33

63 什么是沼气？ / 33

64 沼渣沼液有什么用？ / 34

65 什么是垃圾热解技术？ / 35

66 同是高温处理，垃圾热解技术和焚烧技术有什么区别？ / 35

67 垃圾热解产物可以资源化利用吗？ / 35

68 "虫子吃垃圾"是怎么回事？ / 36

69 用黑水虻处理餐厨垃圾，如何"变废为宝"？ / 36

70 有哪些垃圾不适合进行填埋处理？ / 36

71 垃圾渗滤液有哪些常见的处理方法？ / 37

72 有哪些垃圾不适合进行焚烧处理？ / 38

73 垃圾分类对焚烧处理有什么好处？ / 38

74 垃圾焚烧处理过程中产生的臭气是如何处理的？ / 38

管理篇

75 为什么农村生活垃圾治理要收费？ / 42

76 垃圾分类的宣传工作应该如何在农村开展？ / 42

77 农户在进行垃圾源头二分类时，仍存在垃圾错投现象怎么办？ / 42

78 怎样可以使垃圾分类的管理变得可持续？ / 43

79 垃圾减量化资源化处理设施在管理上有什么要求？ / 43

80 运行管理如何做好台账记录？ / 44

81 如何建立较为完善的设施运行和管理机制？ / 44

82 农村垃圾减量化资源化处理项目验收需具备哪些基本条件？ / 44

83 农村垃圾减量化资源化处理项目验收需提供哪些相关证明材料？ / 45

84 农村垃圾减量化资源化处理项目验收有哪些流程？ / 45

85 农村垃圾减量化资源化处理项目验收有哪些备案材料？ / 46

86 怎样完善垃圾分类、收集与处理设施设备？ / 47

87 如何建立经费保障机制？ / 48

88 什么是农村物业管理？ / 49

89 什么是垃圾分类智能回收机？ / 49

经验篇

90 德国垃圾分类是如何进行的？ / 52

91 日本垃圾分类是如何进行的？ / 52

92 美国的垃圾分类是如何进行的？ / 53

93 瑞士垃圾分类是如何进行的？ / 53

94 台湾省台北市垃圾分类是如何进行的？ / 54

95 浙江省农村生活垃圾治理现状怎么样？ / 55

96 浙江省继续推进农村生活垃圾分类的指导思想？ / 55

97 浙江省继续推进农村生活垃圾分类的基本原则？ / 56

98 浙江省继续推进农村生活垃圾分类的工作任务？ / 56

99 浙江省农村生活垃圾分类出台了哪些相关制度？ / 56

100 浙江省推广农村生活垃圾分类工作中，建立了
什么样的分类模式？ / 57

综合篇

1 什么是农村生活垃圾?

农村生活垃圾指的是农村居民在日常生活中产生的固体废弃物,主要包括厨余垃圾、塑料包装袋、玻璃、废旧衣物、废旧电器和家具、金属、灰渣土等。

2 农村生活垃圾中主要成分有哪些?

我国农村生活垃圾的最主要组成部分为易腐有机垃圾,包括厨余垃圾、农作物秸秆及树枝叶等,一般占垃圾总量的40% ~ 50%;其次组成部分为占比在30%左右的无机垃圾,包括陶瓷砖块、渣土等;另外,塑料、纸类和玻璃等可回收类垃圾的占比为15% ~ 30%。

3 农村生活垃圾的组成是否具有地区差异性?

受不同地区地形地势、经济发展水平、人民生活习惯等诸多因素影响,我国农村生活垃圾各组分的比例变化很大。例如,我国东部的农村地区通常以电和液化气作为主要生活燃料,因此生活垃圾中灰土类成分含量相对较低;而我国中部和西部经济相对落后,生活燃料以燃煤等较多,灰土类成分含量相对较高。因此,在我国农村生活垃圾的处理过程中,需要因地制宜地制定适合村情村况的垃圾分类处理方案。

4　有些人喜欢乱丢乱倒垃圾，有什么危害吗？

　　垃圾的代名词就是"脏乱差"，不仅会影响美丽乡村的优美环境，更主要的危害还在于会威胁我们人类健康，如图所示：

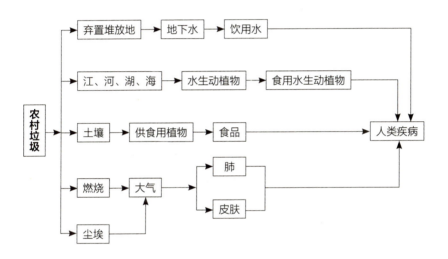

5　随意堆放农村生活垃圾的危害是什么？

　　农村生活垃圾如果不能及时有效地处理，随意堆放不仅会成为苍蝇、蚊虫等病原体滋生的场所，更可能破坏地表植被、降低土壤肥力、改变土壤的性质和结构，直接影响农业生产。与此同时，垃圾在堆放过程中会产生垃圾渗滤液，经雨水冲入地表水体后会影响水体表观以及水质，给农村的生产生活及环境造成极大危害。

6 现在经常听到"垃圾围城"、"垃圾围村",真有这么严重吗?

根据国家统计局数据显示,2017 年中国乡村常住人口数为 5.8 亿,若按照全国农村生活垃圾产生率平均值 0.65 公斤 /(人·天)计算,则中国农村生活垃圾的产生量约为 1.4 亿吨 / 年,加上农村地区产生的建筑垃圾、农村工业废物,这个数字会更大,并且呈现逐年上升的趋势。根据中华人民共和国住房和城乡建设部发布的《2017 年城乡建设统计年鉴》,全国乡镇生活垃圾平均处理率为 87.19%,无害化处理率为 51.17%,两者均低于城市平均处理水平(99% 和 97.74%)。我们正享受现代丰富物质生活的同时,垃圾问题也日益向我们逼近了。

7 解决农村地区"垃圾围村"现象的关键是什么?

以"政府主导、社会参与、企业化运行"为指导原则,杜绝形式化主义,杜绝处理模式照搬,结合不同农村具体地形地貌、经济发展水平,生活习惯,总结出一套因地制宜的方案,引进合适的处理技术,实现垃圾就地处理。同时,建立完善的监督监管机制,倡导绿色文明生活,加大垃圾分类宣传,从源头减少垃圾排放量,进而破解"垃圾围村"问题。

8　针对"垃圾围村"现象，可以采取哪些主要的应对措施？

"垃圾围村"现象，不能视而不见，垃圾问题必须解决，可以采取以下措施：（1）成立专门的垃圾处理单位或者公司来进行专业化处理工作，降低垃圾处理成本，提高处理效果；（2）对于农村各类废弃物的处理处置，应在农村刚性需求、区域环保要求和公众利益诉求这三者之间，找到一个既符合法律和标准，又能为社会各方普遍接受的处理处置方法。

9　什么是垃圾分类？

垃圾分类是指按照垃圾的不同成分、属性、利用价值以及对环境的影响，结合本地资源利用和处置方式的要求，分成属性不同的种类，以达到垃圾处理减量化、资源化、无害化的目的。

10　农村生活垃圾源头分类有哪几种模式？

按照住房和城乡建设部相关要求，农村生活垃圾可分为五类，即可回收垃圾、厨余垃圾、有害垃圾、其他垃圾和煤渣灰土。我国农村生活垃圾源头分类有多种模式，如"二分法"、"三分法"、"四分法"等。为了方便让村民辨识垃圾种类，易于分类操作，很多地方政府提出了二分类的概念：如干垃圾与湿垃圾、可烂垃圾与不可烂垃圾、可卖垃圾与不可卖垃圾等等。也有不少县或者乡镇尝试进行三个种类以上的垃圾分类方式，并取得了一定的经验。例如，在二分法的基础上增加了有毒有害垃圾的"三分法"。"四分法"又可以分为"一次四分法"和"两次四分法"。"一次四分法"指农户一次性从源头将生活垃圾分为可回收物、可腐烂垃圾、有害垃圾和其他垃圾四类；"两次四分法"指在二分法的基础上，再进行二次分类，比如村保洁员收集垃圾后再对"不会烂的"垃圾分类，通常可分为"好卖的"、"不好卖的"两类。

11 开展农村生活垃圾分类有哪些好处？

经济效益：开展垃圾分类可以使一部分垃圾实现循环回收或资源化利用，减少垃圾收集转运成本，减少进入垃圾填埋场、焚烧厂的垃圾量，延长填埋场、焚烧厂的使用时间；

环境效益：开展垃圾分类可以减少垃圾产生量，减少垃圾对土壤、水源、空气的污染；美化人居环境，使垃圾的产生不会危害人类健康；

社会效益：开展垃圾分类可以培养全民绿色消费、绿色生活观念和意识。

12 农村生活垃圾治理应遵循哪些原则？

（1）分类治理原则：农村地区较城市地区人口分散、垃圾分散，农村生活垃圾全收全运全处理的成本较高，应进行分类回收处理。对农村生活垃圾中的可回收物应尽可能回收利用，对环境有危害的农村垃圾应集中无害化处理，其他垃圾在条件允许时纳入城市生活垃圾处理系统处理。

（2）因地制宜原则：应结合当地农民生产生活方式、地理气候条件，优选适合本地的分类回收模式和分类处理技术，加强处理能力建设，提高资源化利用和无害化处理水平。

（3）简单可行原则：农村生活垃圾分类种类不宜多于5类，措施要简单方便，容易为群众接受，让绝大多数农民容易学习、容易记忆、容易操作。

（4）经济可靠原则：我国部分地区农村集体经济薄弱，要求广大农村地区促发展、增加村级经费，积极争取各种各级政策资金支持，增加对于农村生活垃圾治理的投入。同时降低生活垃圾的治理成本，合理选择清运频次和生活垃圾处理技术；确保分类收集、转运和处理的各类设施设备成本合理、经济耐用；不断推行垃圾分类减量、废品回收，减少垃圾产生量与清运量。

（5）管理可持续原则：农村生活垃圾处理必须坚持不懈地做好宣传教育和日常管理，各镇乡（街道）、各行政村应成立农村生活垃圾分类工作组织领导机构，配备管理人员组织推进；建立对分类治理工作的检查、监督或通报制度，建立奖惩机制，监督垃圾分类收集处理常态化；开展技术培训，制定村规民约或环境卫生公约，利用报纸、电视、广播、手机平台、发放宣传材料等多种方式进行宣传，增强垃圾分类意识，确保源头分类成效。

13 垃圾分类可以减少污染节省资源,能用数据说话吗?

目前我国每年生活垃圾产生量的 8% ~ 15% 是由可回收的塑料快餐盒、方便面碗和一次性筷子组成的。收集可回收垃圾再进行综合处理可在减少污染的同时节省大量资源:每回收 1 吨废纸可造好纸 850 公斤,节省木材 300 公斤,比等量生产减少污染 74%;每回收 1 吨塑料饮料瓶可获得 0.7 吨二级原料;每回收 1 吨废钢铁可炼好钢 0.9 吨,比用矿石冶炼节约成本 47%,减少空气污染 75%,减少 97% 的水污染和固体废物;1 吨易拉罐熔化后能结成 1 吨好铝,可少采 20 吨铝矿。所以我们应珍惜这个小本大利的资源。

14 国家开展农村生活垃圾垃圾治理有怎样的时间表?

中共中央办公厅、国务院办公厅 2018 年 2 月 5 日印发的《农村人居环境整治三年行动方案》中要求,到 2020 年,东部地区、中西部城市近郊区等有基础、有条件的地区,人居环境质量全面提升,基本实现农村生活垃圾处置体系全覆盖;中西部有较好基础、基本具备条件的地区,人居环境质量较大提升,力争 90% 左右的村庄生活垃圾得到治理;地处偏远、经济欠发达的地区,在优先保障农民基本生活条件基础上,实现人居环境干净整洁的基本要求。

15 目前垃圾分类多在城市进行，农村分类意识相对薄弱，如何发动农村群众进行垃圾分类？

（1）采取正确的宣传方式，加大宣传力度。政府部门应联合新闻媒体多普及环保知识，特别是利用好新媒体平台，发布与垃圾分类相关的科普信息，让农民充分认识到垃圾分类的重要性，了解不妥善处理的垃圾会给环境造成的危害；村里应长期开展生活垃圾分类培训，并组织村干部、垃圾清运员及村民参与培训过程，让参与者掌握垃圾分类常识，学习不同类垃圾的常用处理技术。

（2）落实法规。落实现有标准和法规以加强农村生活垃圾分类管理，规范垃圾处理技术和方式，例如自浙江省金华市在2018年颁布《金华市农村生活垃圾分类管理条例》以来，金华市农村地区的垃圾分类工作进一步规范化、法制化，农村生活垃圾分类氛围日益浓厚。

（3）制定可行并可持续的相关政策。比如，制定垃圾处理收费的相关政策，积极推进农村生活垃圾处理收费方式改革，可以适当向农户征收一定的生活垃圾产生费用，也可以实行分类垃圾与混合垃圾差别化收费制度，从而减少垃圾产生、约束农户随意投放垃圾行为。

（4）完善生活垃圾减量及分类的激励机制。制定奖励政策，配套奖励措施，对于垃圾分类收集工作实施较好的行政村，可以给予一定的优惠措施和奖金，提高各村各户对于垃圾分类的积极性。

16 农村生活垃圾分类的根本目的是什么?

随着经济的不断发展，人民生活水平的提高，农村生活垃圾的产生量也在不断增长，影响了生态环境、侵占大量土地资源、污染地下水源，对人类的健康造成危害。据相关调查显示，农村每人每天生活垃圾量约 0.5 ~ 0.8kg，全国农村一年的生活垃圾量接近 3 亿吨。如果不经分类直接进行处理的话，给后续的填埋或者焚烧都带来了极大的压力。农村生活垃圾经过分类后，不仅所需填埋或者焚烧处理的垃圾量大大减少，处理成本大大降低，而且有一部分生活垃圾也可以回收进行循环利用，实现生活垃圾的资源化处理。

17 农村实行生活垃圾分类有哪些有利条件?

（1）农村生活垃圾种类及成分相对较少，垃圾分类工作容易展开进行。

（2）农村人口相对稀少，空间大，具有广阔的处理场地和较好的环境容量，如剩饭剩菜可以喂养家禽牲口，也可与其他厨余垃圾一起进行堆肥或厌氧发酵产沼，堆肥产物可以就地还田、沼气可以用作燃料等。

（3）农村是"熟人"社会，村干部、保洁员、村民相互熟悉，便于生活垃圾分类的管理和监督。

（4）农村基层组织和农民群众联系密切，容易组织推动分类工作。

18 农村生活垃圾分类、收集、转运和处理一般有哪些模式？

根据中华人民共和国生态环境部于 2013 年 11 月 11 日发布的《农村生活垃圾分类、收运和处理项目建设与投资指南》，农村生活垃圾分类、收集、转运和处理一般包括下面 3 种模式：

（1）城乡一体化处理模式

城乡一体化处理模式指生活垃圾通过户分类、村收集、乡 / 镇转运，纳入县级以上垃圾处理系统。此模式原则上适用于处于城市周边 20 ～ 30 公里范围以内、与城市间运输道路 60% 以上具有县级以上道路标准的村庄。

（2）集中式处理模式

集中式处理模式适用于平原型村庄，服务半径大于或等于 20 公里，人口密度大于 66 人 /km²，且总服务人口达 80000 人以上，建立可覆盖周边村庄的区域性垃圾转运、压缩设施，该设施与周边村庄间的运输道路 60% 可达到县级以上公路标准。

（3）分散式处理模式

推行垃圾分类的分散型村庄，提倡对分选后的有机垃圾进行就地及时资源化处理。此模式适用于布局分散、经济欠发达、交通不便，人口密度小于或等于 66 人 /km²，与最近的县级及县级以上城市距离大于 20 公里，且与城市间运输道路 40% 以上低于县级公路标准。

19 什么是"垃圾不落地"模式？

"垃圾不落地"指的是不设垃圾桶，由收运车辆直接到居民、商户家中定时收集垃圾。"垃圾不落地"模式减少了垃圾桶的设置维护费用，避免了垃圾投放点的污染问题，由收运人员直接上门回收，指导垃圾分类，可有效提高源头分类的正确率和垃圾收运效率。"垃圾不落地"模式旨在引导全社会形成并强化管理垃圾、分类投放的意识，形成了全民参与的良好局面，最终促进可回收物充分利用，实现生活垃圾减量化、资源化和无害化。

20 可回收垃圾是指哪些？

指经过再加工和整理可以再利用的物品。可分为废纸、塑料、玻璃、金属和布料五大类：

（1）废纸：主要包括书籍和包装纸等；

（2）塑料：主要包括各种塑料瓶、塑料玩具以及塑料包装袋等；

（3）玻璃：主要包括各种玻璃瓶、碎玻璃片、镜子等；

（4）金属：主要包括易拉罐、罐头盒等；

（5）布料：主要为废旧衣物。

21 厨余垃圾是指哪些?

主要包括剩菜剩饭、腐烂瓜果蔬菜、动物内脏、零食小吃碎末等生活垃圾,以及农村里较多的枯枝烂叶、谷壳、笋壳等垃圾。通常也指可生物处理(堆肥、厌氧发酵)的垃圾。

22 有害垃圾是指哪些?

指存有对人体健康有毒有害的物质或者可以对环境造成现实危害或者潜在危害的废弃物。主要包括废旧电池、旧灯管、废水银温度计、废杀虫剂、废消毒剂、废胶片和废相纸、过期药品和过期化妆品等。

23 其他垃圾是指哪些?

除可回收垃圾、厨余垃圾和有害垃圾之外的垃圾,主要包括尘土、烟头、与污染的塑料袋及纸巾、一次性餐盒、破损碗碟及陶瓷制品等难以回收的废弃物。

24 煤渣灰土是指哪些?

指农村居民家庭烧煤取暖、做饭产生的煤渣以及清扫室内、庭院、街巷产生的灰土。

25　收废品的人都不愿意收啤酒瓶了，啤酒瓶是不是其他垃圾？

　　玻璃制品回收之后还可以重新加工利用，如再制作其他玻璃品，或者用于建筑材料等，所以啤酒瓶、酒瓶等也同样属于可回收物，只不过它体积大、利润低，收废品的人回收意愿较低。如果啤酒瓶放在投放点的"可回收物"垃圾桶里，保洁人员会定期来收取，集中之后的啤酒瓶等可以进入现有废品回收渠道。

26　餐巾纸为什么是其他垃圾？

　　用过的餐巾纸由于沾有各类污迹，将其再生利用的成本很高，回收价值低，因此将其归入其他垃圾范畴。

27　废旧塑料纽扣是可回收物吗？

　　废旧塑料制品除废弃塑料袋以外都属于可回收垃圾，比如泡沫塑料、塑料瓶、硬塑料、橡胶及橡胶制品等。但是如果塑料制品数量不大的话，比如几颗纽扣，也可以归为"其他垃圾"。

28 口香糖属于厨余垃圾吗?

很多人觉得口香糖既然是吃的,当然应该属于厨余垃圾。其实嚼过的口香糖里面含有橡胶成分,很难再生循环利用,所以应该属于其他垃圾。

29 花生壳、贝壳、坚果壳算厨余垃圾吗?

花生壳能够自然腐烂,属于可堆肥垃圾,即厨余垃圾;贝壳、坚果壳坚硬较难腐烂,容易破坏垃圾处理机器,属于其他垃圾。

30 什么是"白色污染"?

人们形象地称呼由难降解塑料垃圾引发的污染为白色污染(White Pollution)。生活中的塑料制品多是用聚苯乙烯、聚丙烯、聚氯乙烯等高分子化合物制成的,不易降解,容易影响环境的美观,并且所含成分有潜在危害,使用后被弃置成为固体废物,以致破坏环境。因塑料用做包装材料多为白色,所以叫白色污染,通常包括一次性塑料袋、一次性餐盒和一次性塑料膜等。

31 什么是微塑料,微塑料有哪些危害?

微塑料(microplastics,MPs)通常指直径或长度小于5

毫米的塑料纤维、碎片或颗粒。根据微塑料的来源可将其分为初级微塑料与次生微塑料。前者指按特定目的进行设计和生产的微塑料，如日常使用的洗面奶、牙膏和化妆品中就含有大量初级微塑料；后者指由较大的塑料颗粒通过某种形式降解与碎裂形成的小塑料片段，也包括进入环境的衣物合成纤维碎片。相较于大块塑料，微塑料粒径更小，具有更大的比表面积，光降解能力弱，能吸附更多的污染物，更容易被生物摄食，在生物链中积累，对环境造成的影响远大于大型塑料。

32 生活垃圾具有哪些属性？

首先，生活垃圾具有污染属性，如果得不到合理的处理处置，会对土壤、大气、地下水造成严重的污染，影响环境质量和人体健康。其次，生活垃圾具有一定的资源属性，在垃圾分类的基础上，可以通过多种途径实现生活垃圾的资源化利用，回收其中有价值的部分。

33 什么是垃圾减量化？

垃圾中不仅夹杂着有毒有害物，如电池、过期化妆品等，也有许多可回收利用的资源，如废纸、金属等，如果不经分类就直接处理，不但会造成二次污染，还会造成可回收资源、土地资源的浪费。通过源头控制减少垃圾的产生量，如改变群众的生活、生产和消费习惯，对可回收的资源进行再利用，对有机垃圾进行堆肥利用等，把垃圾减量后再进行填埋或焚烧，可以降低处理成本，减少对环境的污染。

34 什么是垃圾资源化？

垃圾里面有丰富的可回收利用的资源，如金属、纸类、塑料盒玻璃等。同时，垃圾中有机垃圾也可以生化处理用作肥料或沼气利用，废砖瓦、碎玻璃、灰渣加工用作建材等。垃圾是放错地方的资源，如果垃圾当中的可用物质能够得到充分利用，那么垃圾就成为用之不竭的循环利用资源。

35 什么是垃圾无害化？

垃圾的随意处置或处理不规范产生的二次污染，给环境质量和人体健康带来严重的危害。通过对垃圾的分类，有毒有害物质得到专门处置，资源得到循环利用，可以有效减少垃圾给土壤、大气、水环境带来的环境风险。

36 目前生活垃圾的主要处理方式有哪些？什么是生活垃圾回收利用率？

目前，我国大部分生活垃圾采取填埋和焚烧处理。生活垃圾回收利用率是指未进入生活垃圾填埋和焚烧设施处理的可回收物、易腐垃圾的数量，占生活垃圾总量的比例。

37　垃圾分类了就等于垃圾实现资源化了吗？

生活垃圾真正要实现资源化，需要让垃圾在符合环境保护标准和产品质量要求的前提下得到利用。垃圾分类有利于垃圾实现资源化，但本身并不等于垃圾资源化。垃圾分为两类或三类，产生的总量并不会改变，但却可以使后续的回收利用更为清洁高效经济。

38　将有害垃圾随意丢弃会带来哪些后果？

农村生活垃圾中的有害垃圾包括废电池、废灯管、过期药品和杀虫剂罐等物品，这类垃圾很难降解且大多具有致畸、致癌、致突变的"三致"效应，一旦被随意丢弃，会进入水体或渗入土壤，对生态环境造成长期恶劣影响，甚至会对周围人群的健康产生危害。

39　废品的回收利用意义？

废品回收是垃圾分类中的重要环节之一，对减少生活垃圾和防止环境污染具有重要意义。废品在回收的同时，应注意废品分类收集和利用的衔接，使废品得到有效的利用，从而真正实现垃圾减量化和资源化。

40 如何进行废品的回收利用？

（1）建立废品收购站，可以单村或者多村联建，最大限度地向农户收购可再生废品如废金属、废塑料、废玻璃、纸类和布料类，农户在家中完成垃圾分类，然后由废品收购人员上门回收，不仅实现了垃圾减量，同时可使农民得到一定的经济利益；

（2）搭建废品二手市场，使一些可二次利用的物品如旧电器、旧书籍、旧衣物等通过市场交易得到充分利用；

（3）成立乡村垃圾兑换超市，村民们随时可以拿着家中的可回收物到兑换超市里兑换肥皂、毛巾、洗衣粉等众多日用品，十分方便。

技　术　篇

41 农村垃圾的运输工作可以从哪些方面改进?

（1）改进垃圾运输车

现在各个农村已有的垃圾运输车形式不一，有的没有采取密闭措施，在运输过程中不仅会散发臭味，且会有垃圾遗洒、渗滤液滴漏，造成生活垃圾的再次扩撒污染，所以农村需要在垃圾运输车方面再作进一步的改进。

（2）完善垃圾运输制度

现在部分农村地区收运垃圾比较随意，相应的安全、监测和设备管理制度不健全，需要结合当地农村特色，制定出一套合适完善的，具有可实施性的垃圾运输制度。

（3）培训垃圾运输人员

进行作业服务的运输车辆和人员，应具有合法有效的道路运输经营许可证、车辆行驶证和驾驶证，对运输人员在收集、运输生活垃圾过程中的注意事项和处置紧急突发情况的进行培训。

42 厨余垃圾怎样进行处理?

厨余垃圾应每日定时收运，直接运输至厨余垃圾资源化处理站进行处理。处理站可因地制宜采用好氧堆肥仓堆肥、快速成肥机成肥、太阳能辅助堆肥和厌氧产沼发酵等方式进行。

43 可回收垃圾怎样进行处理?

可回收垃圾可经农户在家分类后,由废品收购人员上门回收;也可以由农户投入村中的可回收垃圾投放点,由与村委会签订购销协议的废品公司定期收购再做利用处置。

44 有害垃圾怎样进行处理?

有害垃圾经过分类投放后,由保洁员运送至行政村或乡镇指定地点临时贮存,再转运至指定的危险废物处理厂进行后续无害化处置。

45 其他垃圾怎样进行处理?

其他垃圾应每日定时收运,转运至所属区域的生活垃圾焚烧厂或卫生填埋场进行无害化处理。

46 农村垃圾减量化处理设施选址有什么要求?

农村垃圾减量化资源化处理设施属于基础性公共设施,应结合村庄、集镇、交通等规划和布局,充分考虑垃圾发酵堆肥处置站点建设选址,并遵循以下原则和要求:

(1)垃圾堆肥发酵站点宜选择在中心村、居住集中区、农贸市场等有机垃圾集中产生区附近，并充分考虑运输距离短、交通相对便利、沿途环境影响小等因素，同时站点给排水、电力、通信等基础配套设施应满足垃圾堆肥站点正常运行基本条件；

（2）服务范围有两村（自然村）及两村以上者，宜确保站点距服务村的辐射距离相对均衡；

（3）宜采用集体闲置土地，少占或不占耕地。面积须满足运输车辆进出腾转、二次分拣操作，集中转运堆置等空间需要，并兼顾后期扩容可能；

（4）禁止选址在水源保护地、自然保护区和旅游区以及环境敏感区域内，应尽量选择在夏季主风向的下风向；

（5）有条件时应尽量选择靠近农村生活污水处理设施或城镇污水处理管网可达之处，以便于垃圾处置过程中产生的废水纳管处理。

47 农村生活垃圾减量资源化设施建设有什么要求？

农村垃圾减量化资源化处理基础设施包括垃圾减量化资源化处理站房、分拣场、给排水、供配电、环境保护、安全消防等。以农村生活垃圾阳光房处理设施建设为例，根据浙江省杭州市地方标准《农村生活垃圾阳光房处理技术与管理规范》（DB 3301/T 0261-2018），设施建设的具体要求如下：

（1）建设规模：宜根据服务区域和农村生活垃圾产生量及预测产生量确定，生活垃圾产生量应根据实际调查数据确定或按

人均日产生量进行估算。阳光房处理设施的建设规模可参考下表要求:

阳光房处理设施的建设规模

处理规模(吨/天)	参考人口规模(人)	参考用地面积(平方米)
<0.5	<1200	<60
0.5 ~ 1	1000 ~ 2500	60 ~ 100
1 ~ 2	2000 ~ 4500	100 ~ 150
>2	>4000	>150

(2)平面布局:站点的平面布局应充分利用原有地形地势,在保证建筑物具有合理的朝向,满足采光、通风要求的前提下,尽量使建筑物长轴沿等高线布置;

(3)处理单元:组成、材料要求与布置方式应满足下表要求:

处理单元设计的相关参数

处理单元组成	材料选用与布置方式
主体建筑	宜采用砖混或钢混结构
墙壁	宜采用砖混或钢混结构外墙,壁厚度应不小于200mm,内墙壁厚度应不小于100mm,内墙面应采用光滑、便于清洗的材料
顶板	应确保不积水,宜铺砌保温防渗材料
地坪	应高于室内地面不少60cm以便于出料,坡度宜不低于4%以便于污水收集
门	应具有良好的密封性能,宜选用具有隔热保温防腐性能材料,底部应与地坪齐平,采用动态堆肥的应设置观察窗

处理单元组成	材料选用与布置方式
顶部玻璃	宜采用双层钢化玻璃，坡度宜不小于4%
污水收集	可采用管道或收集槽导排收集
进气	采用强制通风的，应在地坪铺设曝气管网
排气	应设置排气管，排气口位置应高于物料堆层限高100mm以上
测温	静态堆肥和动态堆肥应配置测温装置，简易堆肥宜配置测温装置
搅拌	动态堆肥应配置机械搅拌装置，机械运转情况应可视

48 农村厨余垃圾减量化处理通常有哪些方法？

厨余垃圾可采用阳光堆肥房、快速成肥机、好氧堆肥仓、厌氧发酵、热解法、黑水虻生物转化等多种方式进行处置，并实现资源化。

49 什么是垃圾堆肥？

堆肥处理技术是常见的一种有机废物（易腐垃圾）生物降解处理方法。生活垃圾经过堆肥处理后会基本失去生物可降解性，达到稳定化；堆肥过程可以通过高温杀灭病原菌、有害生物卵和杂草种子等，使生活垃圾达到卫生无害化；符合安全标准的堆肥产物可作为有机肥料，对土壤性质及植物生长均无负面作用。

50 农村生活垃圾堆肥有哪几种模式？

堆肥处理技术方法很多，总体上可分为好氧堆肥和兼氧沤肥两类。在我国农村，好氧堆肥的典型应用模式为好氧堆肥仓和快速成肥机，兼氧沤肥的代表模式为阳光堆肥房。

51 什么是阳光堆肥房？

阳光堆肥房又称仓式静态好氧高温堆肥发酵，是一种构筑物式的堆（沤）肥方法，即将厨余垃圾放置在密闭阳光房中，利用太阳能采光板辅助加温，垃圾腐熟后形成有机肥。阳光房截面基本为正方形，高度与边长接近，顶部向阳方向设置玻璃透光斜面（约占顶部面积的 1/2），起到"暖房"的作用。同时，阳光房顶部设有垃圾倾倒口用于进料，侧面开有出料门，可用于人工出料，具体结构如图所示。阳光房采用每日连续进料，一次性集中出料的操作方式。运行时，先每日进料集中填入一个仓室，填满后，再填充另一个仓室。然后，回填前一个仓室（因生物降解沉降形成了新的可填空间）。如此循环，直至一个仓室达到处理周期后出料，然后再重新填入。单村堆肥房投资建设费用在 10 万元左右。优点是运行不需电力，但出肥时间较长，通常需 2 ~ 6 个月。适用于光照较为充足的地区，可单村或多村联建，多村联建效果更佳。

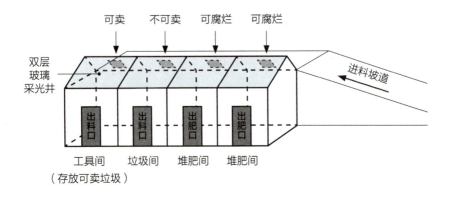

52 **什么是快速成肥机？**

　　快速成肥机是指经过破碎压榨后的农村生活垃圾，经过发酵快速处置，实现快速成肥的一种机械式处理方法，该方法对生活垃圾减量化、资源化效果明显，一般减量率可达到 80% 以上。快速成肥机可以分为压榨脱水和好氧发酵两部分。生活垃圾首先经提升到垃圾分拣台，而后经固液分离后，由轨道传输至剪切破碎和螺旋挤压脱水装置，降低物料的含水率后，再进入好氧发酵处理。

　　好氧发酵的主体构造为配置搅拌桨叶的卧式筒体，筒体通过壁面加热使处理原料维持在指定温度，热源一般为电能。同时，筒体内配有引风装置，配合桨叶搅拌对堆肥物料进行通风供氧。快速成肥机在处理过程中，首先由自动提升升降装置，通过升降油缸带动垃圾桶上升到主机进料口，由翻斗将垃圾桶翻转，倒入主机发酵仓中。而后，主机减速电机通过链条和链轮相连，链条带动搅拌主轴和搅拌臂上进行正反运转。在此过程中，通过电加热、油浴传导或隔热保温层等加热方式，维持适宜的发酵温度，并以程序控制风机自动运转增氧，同时将发酵臭气收集抽入到除臭净化箱中。处理过程中，通常会添加适宜的微生物菌剂，在成肥机提供的适宜繁殖和发酵的环境中（包括温度、氧气、湿度等），微生物可以利用生活垃圾中的有机物进行快速繁殖，使有机废弃物快速发酵分解，转变为热能、二氧化碳、水以及小分子有机物质，腐熟后产物作为生产有机肥料的原料，进行综合利用。按处理能力的不同，堆肥处理机的筒体直径大致为 1.2 ~ 2.0m，筒体长径比约为 3。目前，我国生产的堆肥处理机大多配有机械化进出料装置，单台处理能力每日数百公斤至数吨。

53 农村生活垃圾机械化快速成肥设备采购有什么要求？

农村生活垃圾机械化快速成肥设备要具有明确的生产厂家、厂家地址、产品合格证、质保证书、操作使用说明书等。生产厂家须提供农村垃圾堆肥产品符合《有机肥料》NY525-2012要求的合格检测报告。

54 采用机械化快速成肥设备对基本建设规模有什么要求？

机械化快速成肥设备建设规模应根据站点覆盖人口、垃圾产生量及建设点实际情况科学选择。一般规模选择范围 100 ～ 2000kg/d，超过 2000kg/d 的宜采用 1000kg/d 或者 2000kg/d 的设备累加分阶段投入。

55　机械化快速成肥设备的功能有什么要求？

机械化快速成肥设备应同时具备自动上料功能、自动计量功能、臭气处理设备、废水排放收集设备，具有手动和自动化控制系统和控制面板，控制系统应能实现数据保存和上传，满足在线监控需要。在处理过程中，可根据实际需要配备进料破碎机器。

56　机械化快速成肥设备对微生物发酵的菌种有什么要求？

机械化快速成肥设备所用的发酵堆肥菌种应能满足有机垃圾和餐厨垃圾发酵堆肥资源化需要，使用的微生物菌种应安全、有效，有明确来源和种名，菌株安全性应符合《微生物肥料生物安全通用技术准则》NY/T1109-2017 的相关规定。

57　机械化快速成肥设备对运行参数有什么要求？

机械化快速成肥设备的设备发酵温度控制在 50 ～ 60℃范围，55℃为宜，发酵时间根据选用工艺、进料特点和辅料添加情况确定。减量化率 η 不应小于 40%，按下式计算：

$$\eta = (S_1 - K) / S_0 \times 100\%$$

式中　　η ——微生物发酵堆肥减量化率，%；

　　　　S_0 ——微生物发酵堆肥进料量，kg；

　　　　S_1 ——微生物发酵堆肥出料量，kg；

　　　　K ——微生物发酵堆肥辅料投加量，kg。

58 机械化快速成肥设备对微生物发酵成肥有什么要求？

　　机械化快速成肥设备的直接产出物的水分（鲜样）质量分数和重金属含量应符合中华人民共和国农业行业标准《有机肥料》NY525-2012 相关指标要求；粪大肠菌群数和蛔虫卵死亡率应达《生物有机肥》NY884-2012 要求。

《有机肥料》NY525-2012 项目指标

项目	指标
有机质的质量分数（以烘干基计）	≥ 45%
总养分（氮＋五氧化二磷＋氧化钾）的质量分数（以烘干基计）	≥ 5%
水分（鲜样）的质量分数	≤ 30%
酸碱度（pH）	5.5 ～ 8.5
总砷（As）（以烘干基计）	≤ 15mg/kg
总汞（Hg）（以烘干基计）	≤ 2mg/kg
总铅（Pb）（以烘干基计）	≤ 50mg/kg
总镉（Cd）（以烘干基计）	≤ 3mg/kg
总铬（Cr）（以烘干基计）	≤ 150mg/kg

《生物有机肥》NY 884-2012 相关指标

项目	指标
粪大肠菌群数	≤ 100 个 /g
蛔虫卵死亡率	≥ 95%

59 微生物发酵进料含水率如何掌握?

采用机械化快速成肥设备处理生活垃圾,进料含水率宜控制在 60% ~ 65%,发酵物含水率可通过预处理、回料或添加辅料等方式进行调节。

60 机械化快速成肥设备的发酵时间如何掌握?

机械化快速成肥设备的发酵时间不宜小于 5 天,发酵产物通常需进行二次发酵,二次发酵腐熟产物含水率应低于 30%。

61 什么是厌氧发酵?

厌氧发酵,又称厌氧消化,是一种生物可降解有机废物的处理方法,即在厌氧环境下,利用厌氧微生物的转化作用,将垃圾中大部分可生物降解的有机物质进行分解,转化为沼气,进行综合利用。

厌氧发酵工艺的基本功能是保证高效稳定可靠地处理固体废物，并获得符合质量要求的厌氧消化产物。厌氧发酵产沼过程中的有机物代谢可划分为串联的几个步骤：（1）分解和水解，使固体有机物转化为可溶性的基质（葡萄糖、氨基酸和长链脂肪酸）；（2）酸化，使可溶性的基质进一步分解为乙酸和氢气；（3）甲烷化，微生物通过乙酸营养型和氢营养型两种途径将乙酸和氢气转化为甲烷、二氧化碳和水，甲烷和二氧化碳是构成沼气的主要组分。剩余部分成为沼渣、沼液的有机物组分。

62 厌氧发酵与堆肥处理的区别在哪里？

厌氧发酵是一种较为成熟的垃圾资源化技术，该方法与堆肥处理的主要区别在于：（1）需要严格的无氧条件，使厌氧降解微生物成为优势物种；（2）处理产物为高含水（80% ~ 95%）的浆态物（沼渣、沼液混合物）；（3）厌氧发酵的产物除了沼渣、沼液之外还有沼气，可以进行综合利用。

63 什么是沼气？

沼气是多种气体的混合物，一般由甲烷，二氧化碳和少量的氮、氢和硫化氢等组成，具有可燃性、腐蚀性与麻醉性。沼气的主要成分甲烷是一种理想的气体燃料，无色无味，与适量空气混合后会燃烧。当沼气中甲烷的含量达到 30% 时，可勉强点燃，含量达到 50% 以上时，可以正常燃烧。纯甲烷的着火点为 650 ~ 750℃，热值为 35847 ~ 39796 千焦 / 立方米，而沼气的着火点比甲烷略低，为 645℃，热值为 5500 ~ 6500 千焦 / 立方米。由于沼气的可燃性这一特点，在沼气的生产与使用过程中，应特别注意防火、防爆等安全工作。沼气中所含的硫化氢气体具有腐蚀性，硫化氢溶于水后生成氢硫酸。氢硫酸是一种弱酸，能与铁等金属起反应具有强烈的腐蚀作用，因此在沼气的生产过程中需要进行净化脱硫处理，以延长沼气贮存、运输及燃烧设备的使用寿命。沼气中的甲烷成分本身无毒，但当空气中甲烷含量达到 25% ~ 30% 时，对人、畜有一定的麻醉作用，含量达到 50% ~ 70% 时，也能使人窒息。与其他燃气相比，沼气是一种很好的清洁燃料。沼气除直接燃烧用于炊事、供暖、照明和农副产品烘干等外，还可作为生产甲醇、福尔马林、四氯化碳等的化工原料。

64 沼渣沼液有什么用？

经厌氧发酵装置发酵后排出的料液和沉渣，被称为沼渣和沼液。沼渣沼液中含有作物生长所需的氮、磷、钾及微量元素，同时还含有丰富的氨基酸、各种水解酶及生长素，具有优良的土壤改良作用，施用于农田有利于补充氮、磷、钾等营养元素，维持养分平衡，亦可以改善土壤的通透性能。沼渣沼液也被统称为沼肥，利用沼肥作为有机肥回用于农业生产，不仅可以减少环境污染，降低农药使用量，还有利于提高经济效益，降低厌氧发酵产沼技术处理农村生活垃圾的成本。

65　什么是垃圾热解技术？

垃圾热解技术是利用有机物的热不稳定性，在无氧或缺氧条件下加热，使之成为气态、液态或固态可燃物质的化学分解过程，热解后垃圾减量化、无害化程度明显。在农村生活垃圾处理中，比较常见的处理技术是热解炭化技术与热解气化技术。

66　同是高温处理，垃圾热解技术和焚烧技术有什么区别？

热解气化技术与焚烧技术原理类似，但又区别于直接焚烧技术。焚烧是物质的强氧化过程，焚烧炉温控制在 1000℃ 以下；热解气化技术的二燃室采用过氧燃烧，工作温度最高可达 1100℃，热解产物可以完全燃烧分解，二噁英残余量在极低的水平，所以相比于焚烧技术，热解气化技术的二次污染更小。

67　垃圾热解产物可以资源化利用吗？

热解过程释放的热量可经吸收或转化，用于供热或发电。热解炭化产物是生物质炭，生物质炭可作为土壤改良剂、园林种植基质、过滤吸附材料等，应用范围广。

68 "虫子吃垃圾"是怎么回事？

指生活垃圾中的有机物可以作为水虻、蝇蛆、蚯蚓等腐生性低等动物的食物被代谢分解，这些动物本身还可以成为人类可利用的蛋白。利用农村生活垃圾养殖蝇蛆和水虻科昆虫不仅可以实现生活垃圾的快速分解，还可以实现对农村生活垃圾的高值化利用。

69 用黑水虻处理餐厨垃圾，如何"变废为宝"？

黑水虻处理垃圾后的排泄物和黑水虻本身都可以"变废为宝"。黑水虻排泄物在经过加工系统深加工后，可以作为有机肥还田；黑水虻本身含有丰富的蛋白质，且粗脂肪和粗纤维含量较高，可以作为饲料的优质蛋白原料，尤其适合作为猪饲料生产的添加剂。目前，黑水虻养殖技术及其他生物转化技术经过十几年的研究，技术水平已达到成熟。

70 有哪些垃圾不适合进行填埋处理？

以下几类垃圾都不适合进行填埋处理：

（1）有毒工业制品及其残弃物；

（2）有毒试剂和药品；

（3）有化学反应并产生有害物质的物质；

（4）有腐蚀性或有放射性的物质；

（5）易燃、易爆等危险品；

（6）生物危险品和未经处理的医疗垃圾；

（7）其他严重污染环境的物质。

71　垃圾渗滤液有哪些常见的处理方法？

（1）生物处理法

分为好氧生物处理法、厌氧生物处理法和厌氧—好氧组合处理方式三种。好氧生物处理法包括活性污泥法、曝气氧化塘法和生物膜法。厌氧生物处理法包括普通厌氧硝化、两相厌氧硝化、厌氧滤池、上流式厌氧污泥床（UASB）等。厌氧–好氧组合处理方式包括厌氧接触氧化法、厌氧—活性污泥法、厌氧–好氧生物床等。

（2）物理化学处理法

包括混凝沉淀法、化学氧化法、吸附法和膜分离法等。

（3）土地处理法

包括循环回灌法和土壤植物处理法。

72　有哪些垃圾不适合进行焚烧处理？

虽然焚烧技术是一种适用范围广、能够处理混合垃圾的典型技术，但并不是所有垃圾都适合采用焚烧处理，例如：

（1）湿垃圾（厨余垃圾）

湿垃圾普遍含水率高、热值较低，容易造成垃圾焚烧不完全，从而产生大量二噁英，所以其在焚烧过程中，为避免二噁英的产生，通常添加助燃剂以保障垃圾完全焚烧。

（2）玻璃类垃圾

玻璃是不可燃物质，在焚烧炉内会软化并附着在炉壁上，造成焚烧效率降低。

73　垃圾分类对焚烧处理有什么好处？

垃圾分类有助于提高焚烧效率。首先，垃圾分类可起到减少焚烧处理量的作用；其次，将不适合焚烧处理的垃圾排除，可以明显改善炉内的燃烧工况，最大限度地减少二噁英等二次污染物的排放；此外，垃圾分类还可以提高焚烧烟气的发电效率。

74　垃圾焚烧处理过程中产生的臭气是如何处理的？

为了提高垃圾热值，改善垃圾焚烧效果，运输过来的生活垃圾往往需要堆放一段时间进行脱水、发酵，而在此过程中往往会产生恶臭气体，影响周围环境。为了有效解决这一问题，在焚烧厂工艺设计时，可将垃圾堆放池设计为密闭空间，堆放池上方装有引风机，通过其工作，使得堆放池内保持微负压状态，进而防止臭气散发外逸。与此同时，将引出的恶臭气体作为助燃空气通入焚烧炉，借其高温将恶臭气体分解，从而达到除臭的目的。

管 理 篇

75　为什么农村生活垃圾治理要收费？

垃圾分类、人人有责，农村生活垃圾治理需要稳定的财政投入，许多农村地区村集体收入薄弱，无法很好地支撑生活垃圾治理工作，为增强农户的责任意识，保证垃圾管理规范有序，需要建立垃圾收费制度。保洁费一般以人为单位，每年向村集体交纳，收取的保洁费，用于生活垃圾治理、垃圾分类奖励开支，并做到专款专用，提高村民参与垃圾分类的积极性。

76　垃圾分类的宣传工作应该如何在农村开展？

可以充分利用网络媒介、张贴宣传画和标语、LED 屏幕宣传、召开村民大会、基层指导员上门指导等方式，宣传垃圾分类知识，引导广大村民强化环境保护意识。同时，学校可以开展"垃圾分类进校园"活动，让孩子们从小养成垃圾分类的好习惯，小手拉大手，全民参与垃圾分类。

77　农户在进行垃圾源头二分类时，仍存在垃圾错投现象怎么办？

可由村镇干部或者村级保洁员对村民投放的分类垃圾进行监督和纠正。此外，在垃圾源头二分类方法中，管理单位或专业服务公司往往需要在下一级分类收集环节或场所，再次进行垃圾细分类，通过专业人员或专用分选机械再分拣出更多种类的垃圾或再生资源类的废弃物，从而提高垃圾分类处理效率。

78 怎样可以使垃圾分类的管理变得可持续？

农村生活垃圾分类必须坚持不懈做好宣传教育和日常管理，为此要求各乡镇（街道）、各行政村成立农村生活垃圾分类工作组织领导机构，配备管理人员组织推进；建立对分类治理工作的检查、监督或通报制度，建立奖惩机制，监督垃圾分类收集处理常态化；开展技术培训，制定村规民约或环境卫生公约，利用报纸、电视、广播、手机平台、发放宣传材料等多种方式进行宣传，增强垃圾分类意识，确保分类成效。

79 垃圾减量化资源化处理设施在管理上有什么要求？

（1）专人管理；建立运管制度，制度公开。

（2）做好台账记录。

（3）设施运行空间环境无臭气、无污水、无地面垃圾，主体设备及附属设备状态良好，场地整洁。

（4）高度重视安全生产工作，各技术岗位工作人员应经过技术培训合格后方可上岗，特种作业人员需持证上岗。运行管理人员和维护检修人员应严格执行岗位安全操作规程，特别要严防燃爆、触电、机器伤亡等事故的发生，并熟悉相应的急救方法，现场作业时应穿戴规定的劳保用品。

80 运行管理如何做好台账记录？

台账分为日度台账、月度台账、年度台账。日度台账须对每日进料量、出料量、辅助材料加入量、设备运行状态、故障及维修情况等信息进行详细记录；月/年度台账须对每月/年电量、用水量、排水量、垃圾处理量、肥料产出量和成肥外销量做详细记录。

81 如何建立较为完善的设施运行和管理机制？

应探索政府支持和村民自治相结合的设施运行和管理机制。可根据各地实际情况选择：一是地方政府按市场化要求，组建或委托专业公司统一负责垃圾减量化资源化处理设施运行维护；二是由县（市、区）相关部门或有关乡镇培训专职管理人员统一负责辖区内垃圾减量化资源化处理设施的运行维护；三是受益村庄负责垃圾减量化资源化处理设施的运行维护，相关单位加强技术指导和管理培训，并定期监督检查。

82 农村垃圾减量化资源化处理项目验收需具备哪些基本条件？

（1）项目涉及的所有工作均已完成，且至少有一个批次的堆肥产品产出；

（2）项目工程资料齐全，建设运行管理制度完善，运行期间台账记录清晰完整；

（3）微生物发酵堆肥产品须经有资质的第三方检测机构检测出具的检测报告。

83　农村垃圾减量化资源化处理项目验收需提供哪些相关证明材料？

（1）完成建设工程设计和合同约定的各项内容；

（2）有完整的技术档案和施工管理资料；

（3）有工程使用的主要建筑材料、建筑构配件和设备的质量报告；

（4）有勘察、设计、施工、工程监理等单位分别签署的质量合格文件；

（5）有施工方签署的工程保修材料；

（6）至少有一个批次的堆肥产品产出；

（7）调试运行期间台账记录清晰完整，调试后能正常使用。

84　农村垃圾减量化资源化处理项目验收有哪些流程？

（1）业主单位调试运行一个月后，向县（市、区）主管单位申请项目竣工验收。

（2）县（市、区）主管单位收到业主申请报告后，应当组织有关单位相关人员进行竣工验收。

（3）县（市、区）主管部门在工程竣工验收合格之日起15日内，依照本办法规定，向项目所在地的市主管部门备案。业主单位因项目工程及设备质量问题拖延竣工验收，县（市、区）主管单位应排出方案，明确验收日期，进行项目竣工验收。

（4）市主管部门接到备案材料后，抽查县（市、区）项目，认真核查材料。

（5）市抽验过程中，发现质量问题，应责令整改。责令整改通知发出后，业主单位应迅速组织有关人员进行整改。整改合格后，业主单位申请重新组织竣工验收。

（6）禁止采用虚假证明文件办理项目竣工验收备案，备案材料造假，构成有关损失及工作失误的，依法追究有关责任。

85 农村垃圾减量化资源化处理项目验收有哪些备案材料？

竣工验收备案材料，业主单位、县（市、区）、市、省各保存一份存档。垃圾减量化资源化项目竣工验收备案应当提交下列材料：

（1）县（市、区）农村垃圾减量化资源化项目竣工验收报告，报告内容为：项目基本情况、垃圾分类情况、微生物发酵快速成肥设备情况、垃圾资源化站房建设情况、有机肥检测、有机肥利用等情况,文字材料对竣工验收项目内容要有定性。其中,试点项目基本情况, 要介绍工程报建开建日期, 施工日期及设备招标等情况, 有机肥检测报告必须由国家认同的正规资质单位出具。

（2）施工方签署的工程质量保修合同以及法规、规章规定等必须提供的其他材料。

（3）县（市、区）农村垃圾减量化资源化项目竣工验收备案表。

（4）试点项目竣工验收备案实行一村一备案, 备案部门应认真核查项目竣工验收备案材料, 材料核查齐全后存档。

86　怎样完善垃圾分类、收集与处理设施设备?

（1）各县（市、区）农村生活垃圾分类与减量的收集、转运、处理设施基本完备, 数量基本符合要求, 运行基本正常;

（2）每个乡镇（街道）建有生活垃圾转运站,配有环保、密闭、高效的压缩式垃圾收运车辆, 乡镇垃圾转运能力应满足本辖区内农村生活垃圾及时转运需要。道路两侧设置密闭的垃圾房或垃圾桶（箱）; 居住区、集贸市场设置符合规定的垃圾收集容器;

（3）村庄（含自然村）配有足够数量的垃圾分类收集桶、箱（房、池）。行政村配有密闭式机动垃圾收集车。自然村配备架车或电动三轮车收运垃圾;

（4）保洁员配备必要的清扫保洁工具和劳动防护安全用品;

（5）乡镇建成区、村庄生活垃圾及时收运，垃圾桶（箱、房）内的垃圾不外溢；果皮箱、垃圾桶（箱、房）不破损、脏污；

（6）生活垃圾收集运输车外部干净；运输过程不抛、洒、滴、漏；

（7）垃圾转运站定期消杀，无明显异味；有完整的垃圾进站（厂）台账记录；

（8）区域性生活垃圾填埋场对农村生活垃圾进行无害化处理，农村垃圾进场（厂）量有完整的台账记录；

（9）乡镇建成区及周边、道路两侧等无裸露垃圾；河渠沟塘等水体通畅，无垃圾；村庄内外、房前屋后无垃圾，村民垃圾定点投放，环境整洁；

（10）乡镇、村有资源回收点（中心）或资源回收利用队伍；

（11）各县（市、区）农村生活垃圾分类处理的收集、转运、处理设施运行基本正常，处理工艺不存在严重的二次污染，基本无露天焚烧和无防渗措施的堆埋。

87 如何建立经费保障机制？

（1）建立市、县（市、区）、乡（镇、街道）三级农村生活垃圾分类与处理经费保障机制；

（2）按照农村生活垃圾分类与处理县域规划方案，结合实际需要，落实好地方投入资金增长机制；

（3）因地制宜通过财政补助、社会帮扶、村镇自筹、村民适当缴费等方式筹集运行维护资金；

（4）在农村生活垃圾处理价格、收费未到位的情况下，地方政府安排经费支出，确保长效运行维护。

88 什么是农村物业管理？

城市居民享受的物业管理，农村也可以享有，这是城乡协调发展的必然结果。村委会针对垃圾处理可委托农村物业统一保洁、统一收集、统一清运、统一处理、统一养护，垃圾分类和管理由农村物业规范运行，在垃圾分类的各个环节实现从农户源头分类投放、收集运输、二次分类到末端处置进行高质量的操作和运维。农村物业也可以涉及日常保洁、园林绿化、文体设施保养、基础设施管护、道路养护等多项工作。随着农村居住的逐步集中，开展保安服务、卫生保洁、家用设施维修等工作的农村物业模式形成了巨大的市场。

89 什么是垃圾分类智能回收机？

垃圾分类智能回收机是将信息化网络技术应用于垃圾分类回收中，利用新颖的垃圾分类回收方式，可以吸引村民直接参与其中。主要功能为利用物联网技术（FDI）实现废弃物预约、交投、回收、积分兑换及建立虚拟货币（积分）兑换连锁超市等功能，村民可通过向垃圾分类智能回收终端机投放各种废旧物资，获得积分，累积积分兑换商品。利用平台数据，还可以及时掌握党员干部、村民垃圾分类投放情况，以此可以作为评比美丽家庭及村其他事务的管理依据。

经 验 篇

90 德国垃圾分类是如何进行的?

德国的城市生活垃圾管理策略主要体现在以下几点:(1)健全的法律法规体系,全德国联邦和各州有关环保法律法规 8000 多部,是世界上拥有最完备、最详细的环境保护法律体系的国家;(2)完备的社会公共组织,非政府组织(NGO)发挥了重要作用,有 80 多个行业协会、商会以及环保协会等公益组织,这些非政府组织成为生活垃圾减量化和分类管理制度的重要实施力量;(3)完善的源头分类管理,一是源头分类详尽;二是回收管理服务细致严谨;三是市场化机制完备。(4)严格的末端处置措施,在源头分类后,优先采用堆肥(生物)技术、其次是焚烧,最后是卫生填埋,垃圾最终处置必须服从这个技术顺序。

91 日本垃圾分类是如何进行的?

日本把建立"循环经济型社会"作为发展目标,针对垃圾处理开展了几个方面的工作:(1)严格立法,严行执法。建立三个层次的循环经济法律体系,共有 1 部基本法 2 部综合法 6 部专项法,明确国家、地方、企业和国民责任,有法可依;(2)精细分类,循环利用。主要分为 7 大类,每类还有细小分类,将垃圾分类后,对资源循环利用做到了极致;(3)公众参与,全民监督。一是居民自我监督;二是参与垃圾回收管理过

程;三是实施对他人的监督,包括对他人、政策执行和听证会等;
(4)多样宣传,常态教育。一是宣传主体多样化;二是宣传方
式多样化;三是教育常态化;(5)政策扶持,补助激励,中央、
地方政府制定政策,实施对企业、居民的扶持和激励,有力地
推动了垃圾分类管理;(6)严厉惩罚,全程监管,惩罚方面,
通过修订《废弃物处理法》,强化对废弃物不当处理措施;监
管方面,在社区设立志愿者督察队,检查垃圾袋中的垃圾分
类是否合法,部分地区实行垃圾分类投放实名制,便于追究主
体责任。

92 美国的垃圾分类是如何进行的?

1976 年,美国颁布了《资源回收利用法》,20 世纪 80 年
代末开始建立路边垃圾回收系统,推动全民参与垃圾分类的风
潮。小区或者个人与垃圾处理公司签订合同,每月支付一定的
费用,垃圾由垃圾公司收走。居民自愿对垃圾进行分类,为垃
圾回收付费,各城镇居民按照每天每户处理的垃圾量,或按桶、
按袋来缴纳垃圾处理费。

93 瑞士垃圾分类是如何进行的?

瑞士各级政府分管垃圾处理部门的侧重点不同,具体的环卫
作业由区级政府负责,作业的费用由国家承担转向由污染者付费。

瑞士生活垃圾的回收率在 2013 年达到了 51%，据统计，目前瑞士全国设有 1.5 万个塑料瓶收集中心，平均每个居民每年送往收集中心的塑料瓶能有 100 个。瑞士全国废旧电池的回收率超过 66%，废纸回收率达到 70%，玻璃回收率达到 95%。

瑞士，将提升公民的环保意识作为国家环保政策的一个基本指导思想，各级政府官员和民众都有较好的环保理念，一些非政府组织和基金会对环保教育的推动作用也功不可没。

瑞士堪称垃圾分类最细的国家，从城市到偏远的农村都实行了生活垃圾的分类回收，不仅覆盖家庭垃圾，任何车站、机场、饭店、会场、体育场所、旅游景点都不例外。

94 台湾省台北市垃圾分类是如何进行的？

1988 年，台湾地区行政部门首次颁布了《废弃物清理法》，经过多次修订，从 1992 年开始施行垃圾分类回收制度。台北市在 1996 年开始推行"垃圾不落地"政策，逐步向全台湾全省推广，取消原来放置在街道和小区门口的垃圾桶，改用垃圾车定时定点收集垃圾，每周 5 天收集垃圾，不同区域规定了不同的收运时间。2000 年又推出垃圾处理费随垃圾袋按量征收的政策，未使用"专用垃圾袋"者，可处 1200 ~ 4500 元台币罚款，资源回收物、厨余垃圾可免费清运。经过多年的不懈努力，与 1997 年相比，2010 年台北市家庭日均垃圾量减量 66%，垃圾填埋量减少 97.5%。

95 浙江省农村生活垃圾治理现状怎么样?

　　浙江省从 2003 年开始把农村垃圾处理纳入"千村示范万村整治"工程,从花钱少、见效快的农村垃圾集中处理、村庄环境清洁卫生入手,推进村庄整治。2006 年在全省人口资源环境工作座谈会上,浙江省委省政府提出要使垃圾分类回收、减少使用一次性用品等成为全社会的自觉行动,并与建设美丽乡村,大力开展"五水共治"、"四边三化"、"三改一拆"等重点工作紧密结合、扎实推进。2013 年 9 月,省委针对桐庐县探索垃圾分类破解农村垃圾难题的做法和省农办有关农村垃圾减量化资源化试点调查报告,进一步做出部署。

　　2014 年 6 月,浙江进行农村垃圾资源化试点,探索以农村垃圾减量化资源化处理的垃圾分类基本制度和有效办法。截至 2018 年年底,浙江省农村生活垃圾分类处理建制村覆盖率已达 60% 以上。

96 浙江省继续推进农村生活垃圾分类的指导思想?

　　浙江省全面贯彻党的十八届四中、五中、六中全会和习近平总书记系列重要讲话精神,按照"秉持浙江精神,干在实处、走在前列、勇立潮头"的新要求,深入实施"八八战略",践行"两山"理论,大力推进农村生态文明建设,以改善农村人居环境提高农民生活质量为核心,加快推进分类处理的农村生活垃圾治理体系建设，形成以法治为基础、政府推动、全民参与、城乡统筹、因地制宜的农村生活垃圾分类制度，努力提高农村生活垃圾分类覆盖范围，打造富有浙江特色的美丽乡村升级版。

97　浙江省继续推进农村生活垃圾分类的基本原则？

政府主导，群众主体；因地制宜，布局合理；完善机制，统筹推进；源头减量，资源利用；群策群力，共建共享。

98　浙江省继续推进农村生活垃圾分类的工作任务？

扎实推进农村生活垃圾分类处理实现源头减量；切实加强农村生活垃圾分类处理设施能力建设；科学选择农村生活垃圾分类处理工艺技术模式。

99　浙江省农村生活垃圾分类出台了哪些相关制度？

浙江省根据垃圾分类实施要求，先后出台《关于开展农村垃圾减量化资源化处理试点的通知》（浙村建办〔2014〕17号）、《关于组织开展2016年农村垃圾减量化资源化处理试点工作的通知》（浙村建办〔2016〕8号）、《浙江省农村垃圾减量化资源化试点项目实施指南》（浙村建办〔2016〕13号）、《浙江省农村垃圾减量化资源化试点村项目竣工验收备案管理办法（试行）》

（浙村建办〔2016〕16号）、《浙江省农村垃圾减量化资源化主体设施规范建设要求》（浙村建办〔2016〕36号）等文件。

100 浙江省推广农村生活垃圾分类工作中，建立了什么样的分类模式？

"四分四定"分类模式，即分类投放、分类收集、分类运输、分类处理和定点投放、定时收集、定车运输、定位处理模式。